BEI GRIN MACHT SICH IHR WISSEN BEZAHLT

Michael Qureshi

Das Verfahren zur Flächeninhaltsbestimmung am Trapez in ausgewählten Schulbüchern

GRIN Verlag

Bibliografische Information der Deutschen Nationalbibliothek:

Die Deutsche Bibliothek verzeichnet diese Publikation in der Deutschen National-
bibliografie; detaillierte bibliografische Daten sind im Internet über http://dnb.d-
nb.de/ abrufbar.

Impressum:

Copyright © 2008 GRIN Verlag GmbH
Druck und Bindung: Books on Demand GmbH, Norderstedt Germany
ISBN: 978-3-656-43335-4

Dieses Buch bei GRIN:

http://www.grin.com/de/e-book/112487/das-verfahren-zur-flaecheninhaltsbestim-
mung-am-trapez-in-ausgewaehlten

GRIN - Your knowledge has value

Der GRIN Verlag publiziert seit 1998 wissenschaftliche Arbeiten von Studenten, Hochschullehrern und anderen Akademikern als eBook und gedrucktes Buch. Die Verlagswebsite www.grin.com ist die ideale Plattform zur Veröffentlichung von Hausarbeiten, Abschlussarbeiten, wissenschaftlichen Aufsätzen, Dissertationen und Fachbüchern.

Besuchen Sie uns im Internet:

http://www.grin.com/

http://www.facebook.com/grincom

http://www.twitter.com/grin_com

WESTFÄLISCHE WILHELMS-UNIVERSITÄT MÜNSTER

Institut für Didaktik der Mathematik und Informatik

Bachelorarbeit

Das Verfahren zur Flächeninhaltsbestimmung am Trapez in ausgewählten Schulbüchern – Ein Problemlöseprozess?

The method of teaching area of trapezium in selected schoolbooks – A problem solving process?

Vorgelegt von: Michael Qureshi

Abgabedatum: 17.06.2008

Inhaltsverzeichnis

1. Einleitung

1.1 Relevanz des Themas

Problemlösen wird generell als Möglichkeit zur tieferen Verinnerlichung und Verknüpfung mathematischer Inhalte betrachtet. So ist es auch Teil des Lehrplans in nordrhein-westfälischen Haupt-[1] und Realschulen[2]. Die Schüler sollen in mehreren Jahrgangsstufen mit steigendem Schwierigkeitsgrad verschiedene Kompetenzen erwerben, die sie zum Problemlösen benötigen. Ein Aspekt des Mathematikunterrichts ist Geometrie als Übungsfeld für Problemlösen[3]. In der Hoffnung ein größeres Ausmaß von Lernübertragung der erworbenen Regeln zu erzielen[4], soll bei den Schülern die Freude am Problemlösen geweckt und ihre Fähigkeit zur Lösung geometrischer Probleme gefördert werden[5]. Es kann angenommen werden, dass die Flächeninhaltsbestimmung am Trapez als Themenbereich der Sekundarstufe I Ansätze für problemlösendes Lernen aufweist.

1.2 Aufbau der Arbeit

Zu Beginn dieser Arbeit wird zunächst der Begriff des Problemlösens näher erläutert. Infolgedessen wird die Taxonomie der Lernhilfen nach Zech vorgestellt. Weiterhin wird die Flächeninhaltsbestimmung des Trapezes als Beispiel für die Klasse der geometrischen Berechnungsprobleme innerhalb der Interpolationsprobleme gekennzeichnet. In diesem Zusammenhang werden Merkmale von Interpolationsproblemen sowie zwei wichtige Lösungsstrategien für Berechnungsprobleme aufgeführt. Schließlich werden ausgewählte Schulbücher daraufhin untersucht, ob das Verfahren zur Flächeninhaltsbestimmung am Trapez mit ihnen problemorientiert behandelt werden kann. Dies geschieht unter Zuhilfenahme der Taxonomie nach Zech, der Merkmale geometrischer Interpolationsprobleme im Allgemeinen sowie der Merkmale geometrischer Berechnungsprobleme im Speziellen und anhand anwendbarer Lösungsmethoden.

---

[1] Vgl. http://www.standardsicherung.schulministerium.nrw.de/lehrplaene/kernlehrplaene-sek-i/hauptschule/mathematik/kompetenzen, 10.06.08.
[2] Vgl. http://www.standardsicherung.schulministerium.nrw.de/lehrplaene/kernlehrplaene-sek-i/hauptschule/mathematik/kompetenzen/, 10.06.08.
[3] Vgl. Holland (2007), S. 22.
[4] Vgl. Gagné (1980), S. 159.
[5] Vgl. Holland (2007), S. 22.

2. Definition Problemlösen

„Problemlösen lässt sich als ein Prozess auffassen, in dem der Lernende eine Kombination zuvor erlernter Regeln entdeckt, die geeignet ist, eine Lösung für eine neuartige Situation zu erreichen"[6]. Diese Kombination zuvor erlernter Regeln kann unter Einhaltung geeigneter Problemlösestrategien, so genannten Heurismen, erfolgen.

Wenn die Schüler eine bestimmte Kombination von Regeln finden, welche zur Lösung des Problems führt, dann haben sie nicht nur das Problem gelöst, sondern sie haben auch etwas Neues gelernt.[7] Das neu erlernte Element ist eine Regel „höherer Ordnung", die Teil des individuellen Repertoires[8] wird und sich auf eine ganze Klasse von Problemen des gleichen Typus übertragen lässt[9]. Problemlösen stellt somit den letzten Schritt in einer Lernfolge dar, der viele Lernvorgänge notwendigerweise vorausgegangen sein müssen[10]. Die Ergebnisse der vorausgegangenen Lernvorgänge werden zu so genannten Operatoren in dem Problemlöseprozess. „Das Problem ist gelöst, wenn eine Operatorkette gefunden ist, die durch sukzessive Anwendung der einzelnen Operatoren vom Anfangszustand zur Problemlösung führt"[11]. Der Schwierigkeitsgrad eines Problems wird durch den Umfang der verfügbaren Operatoren sowie durch die Art der gegebenen Hilfestellungen[12] bestimmt.

3. Eine Taxonomie möglicher Lernhilfen beim Problemlösen

Ein problemlösender Unterricht ist dadurch gekennzeichnet, dass die Schüler ihren Lösungsweg weitestgehend selbst gestalteten, somit Regeln höherer Ordnung ohne besondere Hilfe entdecken und höchstens minimale Hilfen empfangen, wenn sie auf dem bestrittenen Weg nicht mehr voranschreiten. [13]

Nach dem Prinzip der minimalen Hilfe[14], sollte die Lehrperson nur Hilfestellungen leisten, wenn es unbedingt erforderlich ist. Die Lehrperson muss einschätzen können in welchem Maße der Schüler Hilfe benötigt, um ihm dann eine dementsprechende

---

[6] Gagné (1980), S. 152.
[7] Vgl. Gagné (1980), S. 152.
[8] Ebenda, S. 153.
[9] Ebenda S. 160.
[10] Ebenda.
[11] Holland (2007), S. 172.
[12] Vgl. hierzu Kapitel 3.
[13] Vgl Zech (2002), S. 309.
[14] Vgl. Aebli, (1968), S. 145 in Zech (2002), S. 309.

Lernhilfe zu geben, die den Schüler in seinem Problemlösungsprozess weiterbringt.[15] Das Problem, dass sich nun der Lehrperson stellt, ist die Auswahl einer adäquaten Lernhilfe, die dem Schüler nicht allzu viel des Problemlösungsprozesses vorwegnimmt. Zu diesem Zweck hat Zech eine dementsprechende „Taxonomie möglicher Lernhilfen beim Problemlösen"[16] aufgestellt, die mögliche Lernhilfen in Kategorien wachsender Stärke unterteilt:

1. Motivationshilfen
2. Rückmeldungshilfen
3. Allgemein-strategische Hilfen
4. Inhaltsorientierte strategische Hilfen
5. Inhaltliche Hilfen

Jede Kategorie wiederum besteht aus Hilfen unterschiedlicher Stärke, da sich Hilfestellungen jeder Art sowohl direkt als auch indirekt ausdrücken lassen, wobei direkte Hilfen als stärker zu betrachten sind.

Im Folgenden sollen hier die einzelnen Kategorien nach Zech vorgestellt und um Beispiele ergänzt werden, die Hilfestellungen zur Flächeninhaltsbestimmung eines Trapezes darstellen könnten:

1. Die Kategorie *Motivationshilfen* beschreibt Hilfestellungen, die im eigentlichen Sinne keine Hilfen darstellen, sondern die Schüler an der Aufgabe halten und sie motivieren sollen.

   Eine direkte Motivationshilfe liegt vor, wenn der Lehrer folgende Aussage macht:

   „Du wirst die Aufgabe sicher lösen."

   Demgegenüber liegt eine indirekte Motivationshilfe vor, falls folgende Aussage vorgenommen wird:

   „Man braucht nicht viel Zeit zur Lösung."

2. *Rückmeldungshilfen* geben den Schülern Auskunft darüber, ob sie bei ihren Lösungsbemühungen richtig oder falsch liegen. Die Schüler sollen hierdurch

---

[15] Vgl. Zech (2002), S. 315.
[16] Ebenda, S. 315 ff.

zusätzlich motiviert werden und eine erste Information hinsichtlich der Aufgabe erhalten.

Direkte Rückmeldungshilfe:

„Da musst du noch mal nachrechnen."

Indirekte Rückmeldungshilfe:

„An einer Stelle hast du einen Fehler gemacht."

3. *Allgemein-strategische Hilfen* sollen den Schüler auf allgemeine Problemlösungsmethoden aufmerksam machen. Die heuristischen Regeln Vorwärtsbzw. Rückwärtsarbeiten könnten solche allgemeine Problemlösungsmethoden darstellen. Somit geben die allgemein-strategischen Hilfen bereits allgemeine Tipps zum Problemlösungsprozess.

Direkte allgemein-strategische Hilfe:

„Versuche, mit den gegebenen Größen Zwischengrößen zu berechnen!"

Indirekte allgemein-strategische Hilfe:

„Versuche, die gegebenen Größen in einen Zusammenhang zu bringen"

4. *Inhaltsorientierte strategische Hilfen* geben, wie die allgemein-strategischen Hilfen, ebenfalls Tipps zu Problemlösungsmethoden, darüber hinaus aber speziellere Hinweise, die auf den konkreten Inhalt der Aufgabe bezogen sind.

Direkte inhaltsorientierte strategische Hilfe:

„Lässt sich das Trapez zerlegen?"

Indirekte inhaltsorientierte strategische Hilfe:

„Versuche die Aufgabe graphisch zu lösen."

5. *Inhaltliche Hilfen* sind die stärksten Hilfen und reichen bis zur Vorgabe von Teillösungen. Sie können auf bekannte Begriffe und Regeln, deren Zusammenhänge und auf aufgabenspezifische Hilfsgrößen verweisen.

Direkte inhaltliche Hilfe:

„Ergänze das Trapez durch ein kongruentes Trapez zu einem Parallelogramm."

Indirekte inhaltliche Hilfen:

„Lässt sich die Figur zu einer Figur ergänzen, dessen Flächeninhaltsformel ihr schon kennt?"

Da Problemlösen durch ein Höchstmaß an Selbstständigkeit der Schüleraktivitäten gekennzeichnet ist[17], lässt sich festhalten, dass starke Hilfestellungen ein entdeckendes Lernen verhindern und die dementsprechende Lernsequenz dann eher dem Regellernen bzw. dem darbietendem Lernen, als dem Problemlösen zuzuordnen ist. Es soll allerdings angemerkt werden, dass es für schwächere Klasse durchaus angemessen ist, ein Problem derart in Teilprobleme aufzugliedern, dass die Mehrzahl der Schüler die Sequenz selbstständig lösen kann[18]. Diese Gliederung ist so durchzuführen, dass jeder Teilschritt dem Schüler eine produktive Leistung abverlangt, die zur Lösung des Problems führt. Deshalb müssen die Teilschritte von dem Schüler nachzuvollziehen sein und verstanden werden.[19]

Die Lehrperson sollte somit beim Planen einer Lernsequenz zum problemlösenden Lernen die möglichen Hilfestellungen in ihre Planung mit einbeziehen, so dass jeder Schüler in adäquater Weise in seinem Problemlöseprozess gefördert und gefordert werden kann.

4. Geometrische Interpolationsprobleme

4.1 Merkmale geometrischer Interpolationsprobleme

Falls die Schüler weder über eine Formel noch über ein anderes Verfahren zur Bestimmung des Flächeninhalts eines Trapezes verfügen, so kann diese unter folgenden Bedingungen[20] nach Holland ein Interpolationsproblem für den Schüler darstellen:

1. Das Problem besitzt einen genau definierten Startzustand, einen eindeutig beschriebenen Zielzustand und eine Menge von Operatoren, die zur Lösung des Problems geeignet sind.
2. Das Problem soll durch eine abfolgende Anwendung von Operatoren von dem vorgegebenen Startzustand in einen beschriebenen Zielzustand geführt werden.
3. Es gibt keinen genau definierten Lösungsweg.
4. Das Problem bietet mehrere Lösungswege.

---

[17] Vgl. Gorski (1991), S. 32.
[18] Vgl. Holland (2007), S. 145.
[19] Ebenda.
[20] Vgl. Holland (2007), S. 172 f.

7

5. Der Schüler kennt die unmittelbare Lösung des Problems nicht.

6. Der Schüler besitzt die geeigneten Operatoren zur Lösung des Problems.

Eine Aufgabenstellung ist also ein Interpolationsproblem für die Schüler, falls sie zwar über Kenntnisse und Fertigkeiten (Operatoren) zur Lösung des Problems verfügen, diese aber noch in der richtigen Reihenfolge anwenden müssen, um den Zielzustand zu erreichen.

4.2 Die Flächeninhaltsbestimmung des Trapezes als geometrisches Berechnungsproblem

Holland teilt die für die Sekundarstufe I relevanten Interpolationsprobleme in drei Klassen ein[21]:

1. Berechnungsprobleme
2. Beweisprobleme
3. Konstruktionsprobleme

Die für die Flächeninhaltsbestimmung des Trapezes relevanten Interpolationsprobleme sind entweder Beweis- oder Berechnungsprobleme.

Beweisprobleme zeichnen sich dadurch aus, dass zu einer allgemein geometrischen Aussage ein Beweis gefunden werden soll, der den Schülern nicht bekannt ist.[22]

Allerdings wird beim Beweisen von Formeln für Flächen- und Rauminhalte das Beweisproblem generell zu einem Berechnungsproblem umformuliert[23], da diese Methode der Satz- und Beweisfindung für Formeln und solche Sätze geeignet ist, „in denen ein Zusammenhang zwischen Größen ausgesagt wird"[24]. Das Lösen eines Berechnungsproblems stellt zudem eine größere Motivation für den Schüler dar, denn beim Lösen eines Beweisproblems erhalten sie lediglich eine Information dahingehend, wie die Zielaussage aus den Vorraussetzungen gewonnen werden kann.[25] Ein Berechnungsproblem liefert darüber hinaus einen bisher unbekannten Zahlenwert oder eine neue Formel.[26]

---

[21] Eine ausführliche Darstellung der Interpolationsprobleme findet sich bei Holland, G. (2007), Kap. 8.3 bis 8.7.

[22] Vgl. Holland (2007), S. 196.

[23] Ebenda, S. 205.

[24] Ebenda, S. 161.

[25] Ebenda, S. 190.

[26] Ebenda.

Ein Berechnungsproblem ist im Wesentlichen dadurch gekennzeichnet, dass unter den Voraussetzungen wenigstens eine Größe als Zahl oder Variable gegeben ist und die gesuchte Größe generell, unter Anwendung geeigneter Operatoren, aus den gegebenen Größen berechnet werden kann. Das Ziel der Aufgabe ist eine Aussage über eine gesuchte Größe [27] oder das Herleiten einer neuen Formel.

4.3 Operatoren zur Berechnung des Flächeninhalts eines Trapezes

Folgende Handlungen stellen geeignete Operatoren zur Berechnung des Flächeninhalts eines Trapezes dar:

„(Z): Zerlegen eines Vielecks in Teilvielecke.

(A): Berechnen des Flächeninhaltes eines Vielecks aus den Flächeninhalten der Teilvielecke bei einer Zerlegung (Additivität des Flächeninhalts).

(P): Berechnen des Flächeninhalts eines Parallelogramms aus einer Seitenlänge und der zugehörigen Höhe mit Hilfe der Flächeninhaltsformel.

(D): Berechnen des Flächeninhalts eines Dreiecks aus einer Seitenlänge und der zugehörigen Höhe mit Hilfe der Flächeninhaltsformel."[28]

(Umkehr-Z): Vervielfachen eines Vielecks zu einem neuen Vieleck.

Steht den Schülern, beispielsweise bei der Flächeninhaltsbestimmung eines Trapezes, der Umkehroperator zu (Z) noch nicht zur Verfügung, wird die Aufgabe zu einer Problemaufgabe, da die Schüler zunächst erkennen müssen, dass sich durch die Umkehroperation zu (Z), das Vervielfachen eines Vielecks zu einem neuen Vieleck, ein Parallelogramm erzeugen lässt. Die Umkehroperation zu (Z) wäre in diesem Fall das Ergänzen eines Trapezes zu einem doppelt so großen Vieleck, durch eine Spiegelung des Trapezes an dem Mittelpunkt M einer der beiden nicht parallelen Seiten. Da das Verfahren zur Flächeninhaltsbestimmung des Parallelogramms (P) zu dem Zeitpunkt schon bekannt sein sollte, lässt sich dann durch den Operator (A) der Flächeninhalt des Trapezes bestimmen.

Es wird deutlich, dass der Schwierigkeitsgrad eines Problems von der Anzahl der verfügbaren Operatoren abhängt. Die geeigneten Operatoren sollten deshalb, vor der

---

[27] Vgl. Holland (2007), S.185.
[28] Ebenda, S. 171.

Bearbeitung einer Problemaufgabe eingeübt werden, damit für die Lerngruppe diesbezüglich homogene Bedingungen geschaffen werden.

4.4 Strategien zur Lösung eines geometrischen Berechnungsproblems

Zur Lösung eines Berechnungsproblems gibt es keinen festen Lösungsweg, da das jeweilige Problem mehrere Lösungswege bietet. Es existieren allerdings Regeln, so genannte heuristische Strategien, die die zu treffenden Entscheidungen in einem gewissen Rahmen festlegen[29] und deren Einhaltung für das Lösen eines Berechnungsproblems sehr hilfreich sein kann[30]:

Vorwärtsarbeiten

Bei der Lösungsfindung durch Vorwärtsarbeiten richtet der Problemlöser seine Aufmerksamkeit auf die gegebenen Größen. Er versucht, aus ihnen weitere Größen zu ermitteln, bis die gesuchte Größe direkt aus den ermittelten Größen berechnet werden kann. Bei der Wahl der neu zu ermittelnden Größen ist es wichtig, Größen zu berechnen, die es dem Problemlöser erlauben, schnellstmöglich zur Lösung des Problems zu gelangen. Der Problemlöseprozess beim Vorwärtsarbeiten erfolgt also vom Anfangszustand über Zwischengrößen zur Zielgröße.[31]

Falls der Problemlöser keinen Operator gefunden hat, um weitere Größen aus den bekannten Größen zu ermitteln, so ist das Problem für ihn unlösbar.

Rückwärtsarbeiten

Bei der Lösungsfindung durch Rückwärtsarbeiten richtet der Problemlöser seine Aufmerksamkeit nicht auf die gegebenen Größen, sondern auf die Zielgröße. Er fragt nach Zwischengrößen, die ermittelt werden müssen, um die gesuchte Zielgröße durch Anwendung eines Operators berechnen zu können. Falls die Zwischengrößen noch nicht gegeben sind, bilden sie die neuen Unterziele der Aufgabe, die es zu lösen gilt. Falls es zu einem Unterziel mehrere Operatoren gibt, die sich rückwärts anwen-

---

[29] Vgl Edelmann (2000), S. 216.
[30] Vgl. Holland (2007), S. 186.
[31] Ebenda.

den lassen, muss der Problemlöser abwägen, welcher Operator am schnellsten zur Lösung des jeweiligen Ziels führt. [32]

Zerlegen

Beim Zerlegen fragt sich der Problemlöser, ob das Problem aus mehreren Teilen besteht, die sich einzeln betrachten und unabhängig voneinander lösen lassen[33]. Das Lösen von Teilproblemen kann das Lösen des ganzen Problems vereinfachen.

Durch Anwendung der beschriebenen Strategien lassen sich Problemsituationen auf bereits bekannte Zusammenhänge zurückführen.

5. Schulbuchanalyse

Im Folgenden soll festgestellt werden, ob sich die ausgewählten Schulbücher für ein problemorientiertes Verfahren zur Flächeninhaltsbestimmung am Trapez eignen. Die Schulbuchanalyse soll anhand eines Katalogs folgender Kriterien durchgeführt werden:

- Merkmale eines Interpolationsproblems
- Merkmale eines Berechnungsproblems
- anwendbare Lösungsstrategien
- Art der gegebenen Hilfestellung nach Zechs Taxonomie möglicher Lernhilfen beim Problemlösen

Bei der Untersuchung werden die Operatoren (Z), (P), (D), (A)[34] als bekannt vorausgesetzt, da in allen untersuchten Schulbüchern die Flächeninhaltsbestimmung des Rechtecks, des Dreiecks und des Parallelogramms vor der Flächeninhaltsbestimmung des Trapezes eingeführt wurde.

---

[32] Vgl. Holland (2007), S. 186.
[33] Vgl. Leuders (2003), S. 134.
[34] Siehe dazu Kapitel 4.3

5.1 *Welt der Zahl – 8. Schuljahr – Mathematisches Unterrichtswerk für Hauptschulen*

Bei diesem Schulbuch ist es sinnvoll, im Rahmen einer problemorientierten Herangehensweise, die einleitende Aufgabe zum Flächeninhalt des Trapezes isoliert zu behandeln, da die zwei folgenden Aufgaben Routineaufgaben sind und anschließend die Flächeninhaltsformel des Trapezes angegeben wird[35]. Die Lehrperson müsste die einleitende Aufgabe dementsprechend auf ein gesondertes Arbeitsblatt übertragen.

Abb. 1: Einleitende Aufgabe (Welt der Zahl)

Flächeninhalt des Trapezes

1. a) Schneide zwei gleich große Trapeze aus.
   Die parallelen Seiten sollen 12 cm und
   8 cm lang sein, die Höhe 7 cm.
   b) Lege die beiden Trapeze zu einem Parallelogramm zusammen. Wie lang ist die
   Grundseite des Parallelogramms?
   c) Bestimme den Flächeninhalt des Parallelogramms, dann den des Trapezes.

Quelle: Bauhoff, Wynands (2002), S. 36.

<u>Merkmale eines Interpolationsproblems</u>

Der Anfangszustand wird in a) klar durch die Größenangabe von zwei parallelen Seiten sowie der Höhe beider Trapeze gekennzeichnet. Der Zielzustand wird in c) angegeben. Die Aufgabe gibt die sukzessive Anwendung der Operatoren (P) und (A) vor und ist deshalb kein Interpolationsproblem.

<u>Merkmale eines Berechnungsproblems</u>

Das Ziel der Aufgabe ist eine Aussage über die Größe des Flächeninhalts. Dieser lässt sich aus den gegebenen Größen errechnen. Somit sind die Merkmale eines Berechnungsproblems vorhanden.

---

[35] Siehe Anhang; S. 27.

Anwendbare Lösungsstrategien

Die Schüler können durch die Strategie des Vorwärtsarbeitens, Zwischengrößen ermitteln. Solch eine Zwischengröße kann der Flächeninhalt eines Parallelogramms sein, dass sich durch das Zusammenfügen der beiden deckungsgleichen Trapeze ergibt. Da die Schüler den Flächeninhalt eines Parallelogramms bestimmen können, lässt sich, durch die Kenntnis von der Additivität des Flächeninhalts, der Flächeninhalt des Trapezes bestimmen.

Art der gegebenen Hilfestellung nach Zechs Taxonomie möglicher Lernhilfen

Die Teilaufgabe b) fordert dazu auf, die beiden kongruenten Trapeze zu einem Parallelogramm zusammenzufügen und gibt somit einen direkten Hinweis auf einen anwendbaren Operator. Teilaufgabe c) zeigt eine aufgabenspezifische Teillösung auf, indem dazu aufgefordert wird den Flächeninhalt des Parallelogramms zu bestimmen. Somit wird den Schülern durch die Aufgabenstellung eine direkte inhaltliche Hilfe geliefert.

Auswertung

Das Schulbuch eignet sich nur bedingt für ein problemorientiertes Verfahren zur Flächeninhaltsbestimmung am Trapez.

Die sukzessive Anwendung der Operatoren (P) und (A) wird von den Schülern in der Teilaufgabe c) verlangt, so dass die Schüler gar nicht die Gelegenheit erhalten, eine Kombination von Regeln zu entdecken, die zur Bestimmung des Flächeninhalts führt. Da den Schülern dadurch direkte inhaltliche Hilfen gegeben werden, lässt sich die Aufgabe eher dem Regellernen als dem Problemlösen zuordnen.

Sollte die Lehrperson aber nur die Abbildung der beiden Trapeze zusammen mit den Größenangaben auf ein gesondertes Arbeitsblatt übertragen und als Ziel der Aufgabe den Flächeninhalt des Trapezes formulieren, kann ein problemorientiertes Verfahren zur Bestimmung des Trapezes gewährleistet werden.

In diesem Fall wäre die gegebene Hilfestellung nicht mehr als so stark zu betrachten, da die Operatoren (P) und (A) durch die Abbildung nur angedeutet würden.

5.2 Mathematik heute 8 Realschule

Auch bei diesem Schulbuch ist es sinnvoll, im Rahmen einer problemorientierten Verfahrens, die einleitende Aufgabe zum Flächeninhalt des Trapezes isoliert zu behandeln, da die Lösung der Aufgabe direkt im Anschluss erläutert wird[36]. Die Lehrperson müsste hier ebenfalls die einleitende Aufgabe dementsprechend auf ein gesondertes Arbeitsblatt übertragen.

Abb. 2: Einleitende Aufgabe (Mathematik heute)

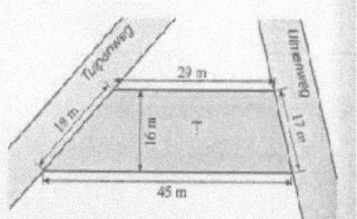

Quelle: Griesel, Postel (2007), S. 124.

Merkmale eines Interpolationsproblems

Der Anfangszustand wird klar durch die Abbildung und den diesbezüglichen Maßstab in der Aufgabenstellung gekennzeichnet. Die Schüler erhalten die Größen aller Seiten und der Höhe des Trapezes. Zielzustand der Aufgabe ist der Flächeninhalt des Trapezes sowie dessen Flächeninhaltsformel. Die Aufgabe enthält eine Anleitung, die dem Schüler die Reihenfolge der anwendbaren Operatoren vorgibt. Hierdurch werden die Bedingungen 3, 4 und 5[37] eines Interpolationsproblems nicht erfüllt und die Aufgabe ist deshalb nicht als Interpolationsproblem zu betrachten.

Merkmale eines Berechnungsproblems

Das Ziel der Aufgabe ist eine Aussage über die Größe des Flächeninhalts, sowie die Herleitung der Flächeninhaltsformel. Der Größe des Flächeninhalts lässt sich, unter der Voraussetzung, dass die Schüler die geeigneten Operatoren kennen, aus den ge-

---

[36] Siehe Anhang, S. 28.
[37] Vgl. hierzu Kapitel 4.1.

gebenen Größen errechnen. Um die Flächeninhaltsformel des Trapezes herzuleiten, müssen die Schüler das angewandte Berechnungsverfahren, mithilfe der Flächeninhaltsformel des Parallelogramms, in eine neue Formel kleiden. Somit sind die Bedingungen eines Berechnungsproblems erfüllt.

Anwendbare Lösungsstrategien:

Der Flächeninhalt des „doppelt so großen Parallelogramms P"[38] ist eine Zwischengröße, die die Schüler, im Falle der Kenntnis von der Additivität des Flächeninhalts, beim Vorwärtsarbeiten zum Flächeninhalt des Trapezes führt.

Art der gegebenen Hilfestellung nach Zechs Taxonomie möglicher Lernhilfen

Die in der Aufgabenstellung gegebene Anleitung gibt den Schülern eine direkte inhaltliche Hilfestellung, indem die Schüler dazu aufgefordert werden, das Trapez zu einem Parallelogramm zu ergänzen.

Auswertung

Die einleitende Aufgabe zum Flächeninhalt des Trapezes bietet der Lehrperson in diesem Schulbuch ebenfalls keine unmittelbare Möglichkeit das Thema problemorientiert zu behandeln. Die Anleitung nimmt den Schülern, durch die beschriebenen Hilfestellungen, die Möglichkeit eine geeignete Kombination von Operatoren zur Berechnung des Flächeninhalts zu entdecken.

Das Verfahren zur Flächeninhaltsbestimmung am Trapez kann mit diesem Schulbuch zu einem Problemlöseprozess werden, falls die Lehrperson die Abbildung des Grundstücks auf ein gesondertes Arbeitsblatt übertragen und als Zielzustand den Flächeninhalt des Grundstücks T definieren würde. Durch die Größenangabe aller Seiten sowie der Höhe, würden den Schülern mehrere Lösungsmöglichkeiten zur Bestimmung des Flächeninhalts T geboten werden. Falls das Leistungsniveau einzelner Schüler dieser Aufgabe nicht gerecht werden sollte, könnte die Lehrperson dementsprechende Hilfestellungen leisten.

---

[38] Siehe Anhang; S. 28.

15

5.3 *Mathematik 8 Denken und Rechnen Hauptschule*

Dieses Schulbuch bereitet die Flächeninhaltsbestimmung des Trapezes mit zwei Aufgaben auf, bevor die Flächeninhaltsformel eingeführt wird.

Im Folgenden werden die zwei einleitenden Aufgaben untersucht.

Aufgabe 1

Abb. 3: Einleitende Aufgabe (Mathematik 8 Denken und Rechnen)

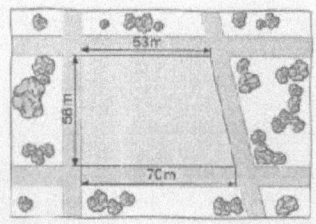

1 Eine Baugenossenschaft kauft von der Stadt ein Grundstück, um es als Bauland aufzuteilen.
Für einen Quadratmeter bezahlt sie 75 EUR.

Quelle: Golenia, J., Neubert, K. (2004), S. 124.

Merkmale eines Interpolationsproblems

Die einleitende Aufgabe weist alle Eigenschaften eines Interpolationsproblems auf: Der Anfangszustand wird klar durch die Größenangabe von zwei parallelen Seiten sowie der Höhe des Trapezes definiert. Der Zielzustand ist durch den Quadratmeterpreis angedeutet. Die Schüler müssen erkennen, dass der Preis des Grundstücks durch die Ermittlung des diesbezüglichen Flächeninhalts bestimmt werden kann.

Die Menge der Operatoren (Z), (P), (D), (A) bietet den Schülern mehrere Möglichkeiten zur Lösung der Aufgabe. Falls die Schüler weder über eine Formel noch ein sonstiges Verfahren zur Bestimmung des Flächeninhalts eines Trapezes verfügen, sind alle Merkmale eines Interpolationsproblems vorhanden.

Merkmale eines Berechnungsproblems

Das Ziel der Aufgabe ist eine Aussage über die Größe des Flächeninhalts. Dieser lässt sich, unter der Voraussetzung, dass die Schüler die geeigneten Operatoren

kennen, aus den gegebenen Größen errechnen. Somit sind die Merkmale eines Berechnungsproblems erfüllt.

<u>Anwendbare Lösungsstrategien</u>

Die Schüler können durch die Strategie des Vorwärtsarbeitens, Zwischengrößen ermitteln. Eine mögliche Zwischengröße ist der Flächeninhalt eines Rechtecks. Dieses Rechteck lässt sich durch Halbdrehung am Mittelpunkt des Schenkels ohne Größenangabe erzeugen. Da die Schüler den Flächeninhalt eines Rechtecks bestimmen können, lässt sich, durch die Kenntnis von der Additivität des Flächeninhalts, der Flächeninhalt des Trapezes bestimmen. Eine andere mögliche Lösungsstrategie ist das Zerlegen des Trapezes in ein Rechteck und ein Dreieck. Die Flächeninhaltsbestimmung beider Vielecke ist den Schülern bekannt. Somit lässt sich der Flächeninhalt des Trapezes anhand der Kenntnis von der Additivität des Flächeninhalts bestimmen. Zudem ist es auch möglich, das Trapez über den Mittelpunkt des Schenkels ohne Größenangabe zu einem flächengleichen Rechteck umzuwandeln.

<u>Art der gegebenen Hilfestellung nach Zechs Taxonomie möglicher Lernhilfen</u>

Die Aufgabe 1) gibt keine Hilfestellungen.

Aufgabe 2

Die Aufgabe 2)[39] erfüllt weder die Bedingungen eines Interpolationsproblems noch die eines Berechnungsproblems. Das einzige Problem, dass sich den Schülern stellen könnte, besteht in der Umwandlung des Trapezes in ein Rechteck gleichen Flächeninhalts. Die dementsprechende Lösung ist aber der anschließenden Darstellung zu entnehmen.

Auswertung

Dieses Schulbuch eignet sich bedingt zur problemorientierten Behandlung des Verfahrens zur Flächeninhaltsbestimmung am Trapez.

---

[39] Siehe Anhang; S. 29.

Für leistungsstärkere Schüler kann die einleitende Aufgabe 1) zur Entdeckung der Flächeninhaltsbestimmung des Trapezes führen. Für leistungsschwächere Schüler hingegen ist in der Aufgabe 2) eine Herleitung der Formel, mittels einer Stufung, vorgenommen worden. Die Herleitung erfolgt einerseits über die Flächeninhaltsformel des Parallelogramms und andererseits über das Umwandeln eines Trapezes in ein flächengleiches Rechteck, anhand der Mittellinie m. Die Stufung ist dabei zwar so vorgenommen worden, dass auch leistungsschwächere Schüler jeden Teilschritt nachvollziehen können, jedoch werden den Schülern keine eigenen produktiven Leistungen abverlangt, so dass diese Stufung eher dem Regellernen bzw. darbietendem Lernen zuzuordnen ist[40].

Die zweite Aufgabe kann zu einem Interpolationsproblem werden, falls die Lehrperson die Teilaufgabe b) entnehmen und die Aufgabe auf ein gesondertes Blatt übertragen würde.

5.4 Maßstab 8 Mathematik - Hauptschule

Abb. 4: Flächeninhaltsformel (Maßstab 8)

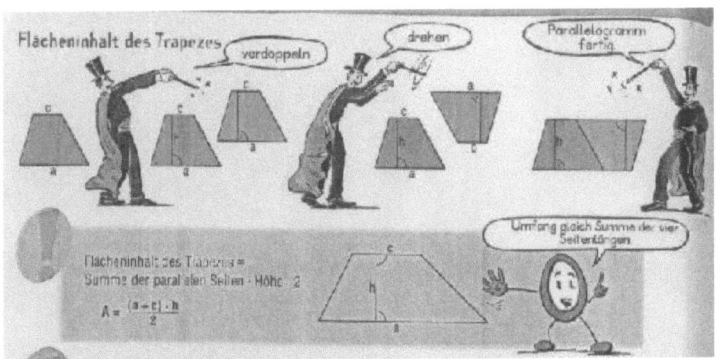

Quelle: Baier et al. (1999), S. 60.

Dieses Schulbuch verzichtet gänzlich auf Eigenleistungen der Schüler bei der Einführung der Flächeninhaltsbestimmung am Trapez und eignet sich somit nicht zur problemorientierten Behandlung des Themas.

---

[40] Vgl. Holland (2001), S. 145.

Die Herleitung der Trapezfläche soll hier über die Operatorkette (Umkehr-Z)-(P)-(A) dargestellt werden. Das Ergänzen des Trapezes um ein kongruentes Trapez zu einem Parallelogramm wird allerdings unter jeglichem Ausschluss einer geometrischen Begründung vorgenommen und lässt sich daher für die Schüler nicht nachvollziehen. Darüber hinaus wird nicht ersichtlich, in welcher Beziehung das Parallelogramm zu der Flächeninhaltsformel des Trapezes steht. Kritisch zu betrachten ist auch Darstellung von Mathematik als Zauberkunst. Es wird der Anschein erweckt, dass Mathematik nur wenigen Menschen mit besonderer Begabung vorbehalten bleibt. Dies kann sich motivationshemmend auf die Schüler auswirken.

5.5 *Gamma 8 Mathematik*

In diesem Schulbuch wird die Flächeninhaltsformel des Trapezes gestuft hergeleitet. Im folgenden Abschnitt wird demzufolge die einleitende Seite[41] anhand des Kriterienkatalogs untersucht.

Aufgabe 1)

Merkmale eines Interpolationsproblems

Der Anfangszustand wird durch ein Trapez mit den Größen der zwei parallelen Seiten sowie der Höhe gekennzeichnet. Zielzustand ist die Bestimmung des Flächeninhalts. Die Menge der Operatoren (Z), (P), (D), (A) bietet den Schülern mehrere Möglichkeiten zur Lösung der Aufgabe. Falls die Schüler weder über eine Formel noch ein sonstiges Verfahren zur Bestimmung des Flächeninhalts eines Trapezes verfügen, sind alle Merkmale eines Interpolationsproblems vorhanden.

Merkmale eines Berechnungsproblems

Das Ziel der Aufgabe ist die Bestimmung des Flächeninhalts. Dieser lässt sich, unter der Voraussetzung, dass die Schüler die geeigneten Operatoren kennen, aus den ge-

---

[41] Siehe Anhang, S. 31.

19

gebenen Größen errechnen. Somit sind die Merkmale eines Berechnungsproblems erfüllt.

<u>Anwendbare Lösungsstrategien</u>

Es lässt sich durch Halbdrehung am Mittelpunkt des Schenkels ohne Größenangabe ein doppelt so großes Rechteck erzeugen, das eine Zwischengröße beim Vorwärtsarbeiten darstellt. Da die Schüler den Flächeninhalt eines Rechtecks bestimmen können, lässt sich, durch die Kenntnis von der Additivität des Flächeninhalts, der Flächeninhalt des Trapezes bestimmen. Eine andere mögliche Lösungsstrategie ist das Zerlegen des Trapezes in ein Rechteck und ein Dreieck. Die Flächeninhaltsbestimmung beider Vielecke ist den Schülern bekannt. Somit lässt sich anschließend, durch den Operator (A), der Flächeninhalt des Trapezes bestimmen. Das Trapez lässt sich zudem über den Mittelpunkt des Schenkels ohne Größenangabe in ein flächengleiches Rechteck umwandeln.

<u>Art der gegebenen Hilfestellung nach Zechs Taxonomie möglicher Lernhilfen</u>

Es wird gefragt, ob sich zwei dieser Trapeze aus einer rechtwinkligen Figur herstellen lassen. Diese Fragestellung ist ein Hinweis, der sich auf eine aufgabenspezifische Problemlösemethode bezieht. Die Aufgabenstellung enthält insofern eine direkte inhaltsorientierte strategische Hilfe.

Aufgabe 2)

Die Aufgabe ist eine Handlungsanweisungen zur Ergänzung eines Trapezes durch eine Halbdrehung zu einem Parallelogramm.

Aufgabe 3)

<u>Merkmale eines Interpolationsproblems im Allgemeinen</u>

Der Anfangszustand ist ein Parallelogramm, das aus zwei kongruenten Trapezen besteht. Gegeben sind die Ecken der Trapeze.

Die Höhe des Parallelogramms sowie die zwei parallelen Seiten eines Trapezes sind als Variable gegeben. Zielzustand der Aufgabe ist die Flächeninhaltsformel des Trapezes. Die Teilaufgaben b) und c) geben Hinweise zur Flächeninhaltsbestimmung eines Trapezes sowie zur Bestimmung der Flächeninhaltsformel. Folglich ist die Aufgabe kein Interpolationsproblem, da dem Schüler durch die Hinweise mitgeteilt wird, welche Operatoren er verwenden und in welcher Reihenfolge er sie anwenden muss.

Merkmale eines Berechnungsproblems

Die Flächeninhaltsformel lässt sich, aus den gegebenen Variablen bestimmen. Somit sind die Merkmale eines Berechnungsproblems erfüllt.

Anwendbare Lösungsstrategien

Über Vorwärtsarbeiten ermittelt der Schüler zunächst den Flächeninhalt des Parallelogramms. Nach dem Aufstellen der Flächeninhaltsformel des Parallelogramms, lässt sich die Flächeninhaltsformel für das Trapez, anhand des Operators (A), bestimmen.

Art der gegebenen Hilfestellung nach Zechs Taxonomie möglicher Lernhilfen

Die in der Aufgabenstellung gegebene Anleitung gibt den Schülern eine direkte inhaltliche Hilfestellung, indem Sie dazu auffordert, über die Flächeninhaltsformel des Parallelogramms die Formel für das Trapez herzuleiten.

Aufgabe 4)

Die Aufgabe führt die Mittellinie m ein. Der Schüler soll anhand einer Abbildung zeigen, dass die Mittellinie eines Trapezes halb so groß ist wie die Summe der beiden parallelen Seiten. Außerdem ist zu zeigen, dass der Flächeninhalt eines Trapezes gleich dem Produkt von Mittellinie und Höhe ist. Diese Aufgabe gibt keine Grundlage für problemlösendes Lernen, da die Flächeninhaltsformel in der vorherigen Aufgabe ermittelt werden sollte und sich infolgedessen die Lösung der Aufgabe aus der Abbildung ergibt.

Auswertung

Die Lernsequenz zur Flächeninhaltsformel des Trapezes wird in diesem Schulbuch so gegliedert, dass die Schüler in jeder neuen Aufgabe eine Eigenleistung vollbringen müssen. Die Gestaltung der Aufgaben erfolgt jedoch sehr geschlossen, so dass die Schüler nur ein Verfahren zur Berechnung des Trapezflächeninhalts kennen lernen können: Das Ergänzen eines Trapezes durch ein kongruentes Trapez zu einem neuen Vieleck, dessen Flächeninhaltsformel bereits bekannt ist. Die geschlossene Gestaltung der Aufgaben nimmt den Schülern die Möglichkeit andere Verfahren zu entdecken.

6. Resümee

Die vorangegangene Schulbuchanalyse hat ergeben, dass das Verfahren zur Flächeninhaltsbestimmung am Trapez grundsätzlich die Möglichkeit für Problemlösen bietet. Allerdings wird in den untersuchten Schulbüchern eine Methode zur Flächeninhaltsbestimmung des Trapezes favorisiert: Das Ergänzen eines Trapezes durch ein kongruentes Trapez zu einem neuen Vieleck, dessen Flächeninhaltsbestimmung schon bekannt ist. Dieses Verfahren wird entweder so häufig gewählt, weil es für die einfachste Methode gehalten wird oder weil die Problemlösestrategie „Zurückführen auf Bekanntes" im Kernlehrplan des Landes Nordrhein-Westfalen[42] verankert ist.

Die Lehrperson kann sich allerdings von der ausschließlichen Schulbuchverwendung distanzieren und gegebenenfalls Teile der Schulbuchaufgaben für eine Erstellung von eigenem, stärker problemorientiertem Arbeitsmaterial, verwenden. Darüber hinaus kann Problemlösen im Mathematikunterricht einen Beitrag zur Binnendifferenzierung liefern, weil sich der Schwierigkeitsgrad einer Problemaufgabe durch die gegebene Hilfestellung konfigurieren lässt. Somit lässt sich für leistungsschwächere Schüler eine Problemaufgabe durch starke Hilfestellungen gegebenenfalls zu einer Routineaufgabe reduzieren.

Festzuhalten bleibt, dass das Verfahren zur Flächeninhaltsbestimmung am Trapez in den meisten untersuchten Schulbüchern nicht zu einem Problemlöseprozess für den Schüler werden kann. In Ansätzen lassen sich zwar problemorientierte Tendenzen

---

[42] Vgl. dazu die im Literaturverzeichnis angegebenen Internetseiten des Schulministeriums NRW.

ausmachen, jedoch sind die Aufgaben oftmals zu geschlossen und leisten dementsprechend zu starke Hilfestellungen, um ein problemorientiertes, entdeckendes Lernen zu ermöglichen.

Es ist zu berücksichtigen, dass die, im Rahmen dieser Arbeit, vorgenommene Schulbuchanalyse keinen Anspruch auf Allgemeingültigkeit besitzt. Eine Prüfung weiterer Schulbücher wäre daher sinnvoll.

Letztendlich sollte aber bei der Schulbuchgestaltung mehr Wert auf Problemlösen gelegt werden, um den Vorteil eines integrierten Verständnisses des Lernstoffs zu nutzen.

7. Literaturverzeichnis

Baier, Jost et al. (1999): Maßstab 8: Mathematik-Hauptschule. Braunschweig. Schroedel.

Bauhoff, E., Wynands, A. [Hrsg.] (2002): Welt der Zahl 8. Schuljahr – Mathematisches Unterrichtswerk für Hauptschulen. Hannover. Schroedel.

Edelmann, W. (2000): Lernpsychologie. Weinheim und Basel. Beltz Verlag.

Gagné, R. M., (1980): Die Bedingungen des menschlichen Lernens. Hannover. Schroedel.

Golenia, J., Neubert, K. [Hrsg.] (2004): Mathematik 8 Denken & Rechnen Hauptschule. Braunschweig. Westermann.

Gorski, H.-J. (1991): Zum Einsatz des Computers als Werkzeug beim interaktiven Programmieren im Mathematikunterricht der Hauptschule. Hannover. Franzbecker.

Griesel, H., Postel, H. [Hrsg.] (2007): Mathematik heute 8 Realschule. Hannover. Schroedel.

Hayen, J., Vollrath, H.-J., Weidig, I. [Hrsg.] (1995): Gamma 8 Mathematik. Klett.

Holland, Gerhard (2007): Geometrie in der Sekundarstufe: Entdecken – Konstruieren – Deduzieren – Didaktische und methodische Fragen. Berlin. Verlag Franz Becker.

Leuders, T. [Hrsg.] (2003): Mathematikdidaktik - Praxishandbuch für die Sekundarstufe I und II. Berlin. Cornelsen.

Ministerium für Schule und Weiterbildung des Landes Nordrhein-Westfalen (2008): Kernlehrplan Mathematik – Hauptschule-Kompetenzen, http://www.standardsicherung.schulministerium.nrw.de/lehrplaene/kernlehrpl aene-sek-i/hauptschule/mathematik/kompetenzen/, 10.06.2008.

Ministerium für Schule und Weiterbildung des Landes Nordrhein-Westfalen (2008): Kernlehrplan Mathematik – Hauptschule-Kompetenzen, http://www.standardsicherung.schulministerium.nrw.de/lehrplaene/kernlehrpl aene-sek-i/hauptschule/mathematik/kompetenzen/, 10.06.2008.

Winter, H. (1989): Entdeckendes Lernen im Mathematikunterricht – Einblicke in die Ideengeschichte und ihre Bedeutung für die Pädagogik. Braunschweig. Vieweg.

Zech, F. (2002): Grundkurs Mathematikdidaktik - Theoretische und praktische Anleitungen für das Lehren und Lernen von Mathematik. Weinheim und Basel. Beltz Verlag.

8. Anhang

8.1 Abbildungsverzeichnis

Welt der Zahl – 8. Schuljahr – Mathematisches Unterrichtswerk für Hauptschulen

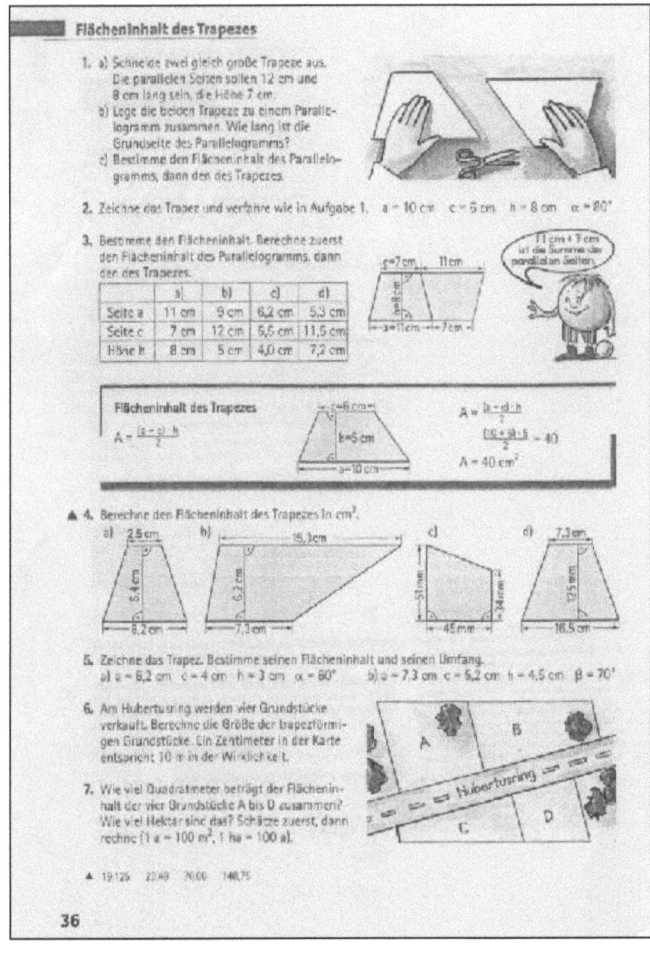

Mathematik heute 8 Realschule

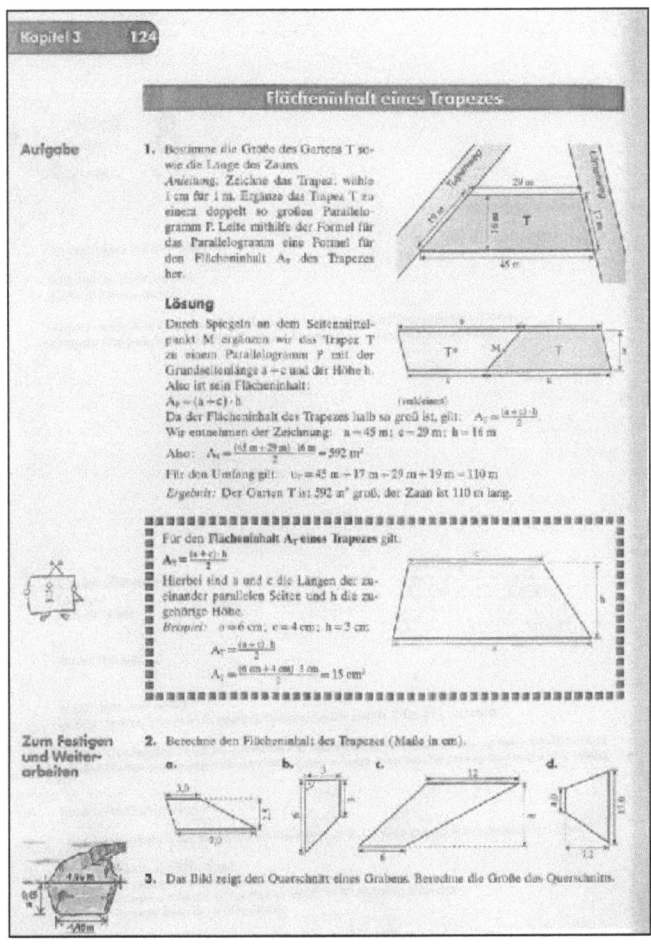

Flächeninhalt eines Trapezes

Aufgabe

1. Bestimme die Größe des Gartens T sowie die Länge des Zauns.
Anleitung: Zeichne das Trapez, wähle 1 cm für 1 m. Ergänze das Trapez T zu einem doppelt so großen Parallelogramm P. Leite mithilfe der Formel für das Parallelogramm eine Formel für den Flächeninhalt A_T des Trapezes her.

Lösung

Durch Spiegeln an dem Seitenmittelpunkt M ergänzen wir das Trapez T zu einem Parallelogramm P mit der Grundseitenlänge a + c und der Höhe h. Also ist sein Flächeninhalt:
$A_P = (a + c) \cdot h$

Da der Flächeninhalt des Trapezes halb so groß ist, gilt: $A_T = \frac{(a+c) \cdot h}{2}$
Wir entnehmen der Zeichnung: a = 45 m; c = 29 m; h = 16 m

Also: $A_T = \frac{(45\,m + 29\,m) \cdot 16\,m}{2} = 592\,m^2$

Für den Umfang gilt: $u = 45\,m + 17\,m + 29\,m + 19\,m = 110\,m$

Ergebnis: Der Garten T ist 592 m² groß, der Zaun ist 110 m lang.

Für den Flächeninhalt A_T eines Trapezes gilt:
$A_T = \frac{(a+c) \cdot h}{2}$

Hierbei sind a und c die Längen der zueinander parallelen Seiten und h die zugehörige Höhe.
Beispiel: a = 6 cm; c = 4 cm; h = 3 cm

$A_T = \frac{(a+c) \cdot h}{2}$

$A_T = \frac{(6\,cm + 4\,cm) \cdot 3\,cm}{2} = 15\,cm^2$

Zum Festigen und Weiterarbeiten

2. Berechne den Flächeninhalt des Trapezes (Maße in cm).

a.   b.   c.   d.

3. Das Bild zeigt den Querschnitt eines Grabens. Berechne die Größe des Querschnitts.

Mathematik 8 Denken und Rechnen (Hauptschule)

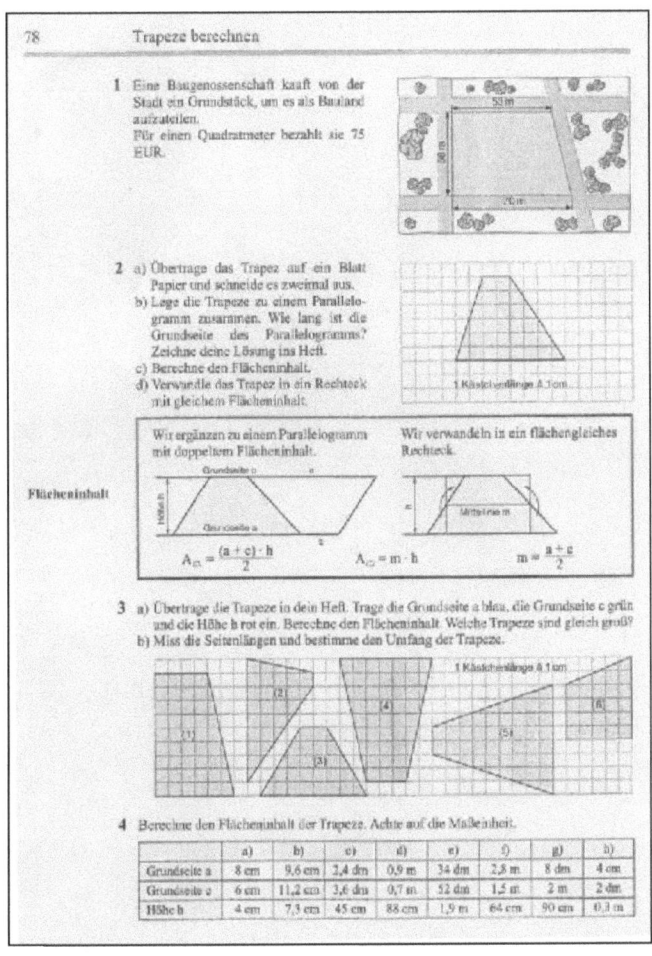

78   Trapeze berechnen

1   Eine Baugenossenschaft kauft von der
Stadt ein Grundstück, um es als Bauland
aufzuteilen.
Für einen Quadratmeter bezahlt sie 75
EUR.

2   a) Übertrage das Trapez auf ein Blatt
Papier und schneide es zweimal aus.
b) Lege die Trapeze zu einem Parallelogramm zusammen. Wie lang ist die
Grundseite des Parallelogramms?
Zeichne deine Lösung ins Heft.
c) Berechne den Flächeninhalt.
d) Verwandle das Trapez in ein Rechteck
mit gleichem Flächeninhalt.

1 Kästchenlänge $\triangleq$ 1 cm

Flächeninhalt

Wir ergänzen zu einem Parallelogramm
mit doppeltem Flächeninhalt.

$$A_{\square} = \frac{(a+c)\cdot h}{2}$$

Wir verwandeln in ein flächengleiches
Rechteck.

$$A_{\square} = m\cdot h \qquad m = \frac{a+c}{2}$$

3   a) Übertrage die Trapeze in dein Heft. Trage die Grundseite a blau, die Grundseite c grün
und die Höhe h rot ein. Berechne den Flächeninhalt. Welche Trapeze sind gleich groß?
b) Miss die Seitenlängen und bestimme den Umfang der Trapeze.

1 Kästchenlänge $\triangleq$ 1 cm

4   Berechne den Flächeninhalt der Trapeze. Achte auf die Maßeinheit.

	a)	b)	c)	d)	e)	f)	g)	h)
Grundseite a	8 cm	9,6 cm	2,4 dm	0,9 m	34 dm	2,8 m	8 dm	4 cm
Grundseite c	6 cm	11,2 cm	3,6 dm	0,7 m	52 dm	1,5 m	2 m	2 dm
Höhe h	4 cm	7,3 cm	45 cm	88 cm	1,9 m	64 cm	90 cm	0,3 m

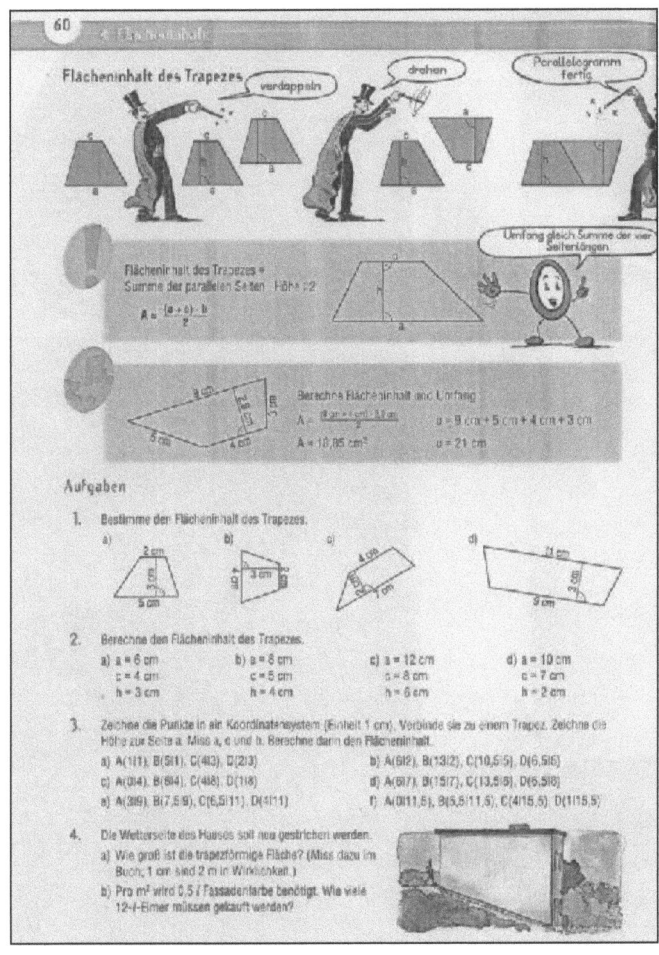

4 Flächeninhalt von Trapezen

1 a) In Fig. 1 ist eine Sperrholzplatte abgebildet. Können zwei dieser Platten aus einer rechteckigen Platte zugeschnitten werden? Zeichne im Maßstab 1:10.
b) Gib den Flächeninhalt einer Platte an.

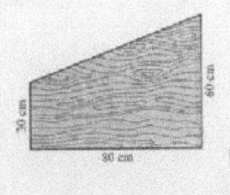

Fig. 1

2 Bestimme die Flächeninhalte der Trapeze in Fig. 2 und 3. Zeichne sie dafür auf Karopapier und ergänze jedes Trapez durch eine Halbdrehung zu einem Parallelogramm.

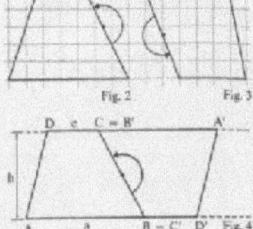

Fig. 2   Fig. 3

3 a) Wie ist in Fig. 4 das Parallelogramm aus dem Trapez entstanden?
b) Gib für das Parallelogramm die Länge der Seite $\overline{AD'}$ und die Länge der zugehörigen Höhe an.
c) Miß die **parallelen Seiten** a und c und die **Höhe** h. Berechne den Flächeninhalt des Trapezes.
*d) Gib mit a, c und h eine Formel für den Flächeninhalt des Parallelogramms an. Bestimme daraus eine Formel für das Trapez.

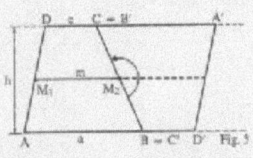

Fig. 4

*4 Im Trapez (Fig. 5) ist m die **Mittellinie**. Zeige:
a) $m = \frac{1}{2} \cdot (a + c)$,
b) $A = m \cdot h$.

Fig. 5

Trapez
Formel für den Flächeninhalt:
$$A = \frac{1}{2} \cdot (a + c) \cdot h = m \cdot h$$
a und c: parallele Seiten;
h: Höhe; m: Mittellinie

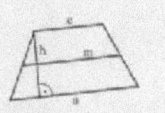

Fig. 6

154